Sitzungsberichte
der Akademie der Wissenschaften
der DDR
Mathematik—Naturwissenschaften—Technik

Jahrgang 1990 · Nr. 3/N

Joachim Auth

Fortschritte der Halbleitermeßtechnik und die Mikroelektronik

AKADEMIE-VERLAG BERLIN
1990

Vortrag von Joachim Auth, Ordentliches Mitglied der Akademie der Wissenschaften der DDR, vor der Klasse Physik am 13. April 1989

Herausgegeben im Auftrage
des Präsidenten der Akademie
der Wissenschaften der DDR
von Vizepräsident Prof. Dr. Hans-Heinz Emons

ISBN 3-05-500831-6
ISSN 0138-3965
Erschienen im Akademie-Verlag Berlin, Leipziger Straße 3–4, Berlin, DDR-1086

Lizenznummer: 202 · 100/316/90
Printed in the German Democratic Republic
Gesamtherstellung: Druckhaus Köthen GmbH
LSV 1185
Bestellnummer: 7641382 (2010/90/3/N)

1. Trends in der Halbleitermeßtechnik

Die Halbleitertechnik hat die Halbleitermeßmethoden und auf diesem Wege die Halbleiterphysik sehr bereichert. Diese Tatsache ist eine Seite des dialektischen Wechselwirkungsprozesses zwischen Halbleiterphysik und Halbleitertechnik, und über diese Seite habe ich heute zu sprechen. Die Bereicherung der Halbleiterphysik auf dem Gebiet der Meßmethoden und der Meßtechnik erfolgte und erfolgt dabei noch heute im wesentlichen in drei Richtungen:

1. Mit der Erfindung, Entwicklung und Produktion von Halbleiterbauelementen bekam die Frage der Defekte in Halbleitern, der Kristallbaufehler in recht perfekten Einkristallen oder die Frage der strukturempfindlichen Kristalleigenschaften, wie sie Smekal nannte, eine neue Dimension. Der gezielt hergestellte Realkristall wurde zum Forschungsgegenstand sehr systematischer und umfangreicher Untersuchungen, und so ist es zu erklären, daß wir über die technisch genutzten Halbleiter bzw. über die Halbleiter, deren technische Nutzung vorbereitet oder erwartet wird, sehr viel mehr und Genaueres wissen als über alle möglichen anderen Stoffsysteme. Vor allem wären hier das Germanium, das Silicium und die $A^{III}B^{V}$-Verbindungen zu nennen.

2. Mit der Halbleitertechnik entstanden und entstehen neue Objekte physikalischer Forschung, künstliche Anordnungen, an denen qualitativ neue, für diese Anordnungen spezifische physikalische Erscheinungen auftreten und zu untersuchen sind.

Ich nenne hier den pn-Übergang, den Schottky-Übergang, Heteroübergänge zwischen zwei verschiedenen einkristallinen Halbleitern sowie Halbleitermikrostrukturen und/oder Supergitter. Auch die Halbleiter-Isolator-Grenzfläche sowie die Halbleiteroberfläche wäre im Grunde hier zu nennen. Alle diese neuen Objekte haben mit Halbleitergrenzflächen zu tun, sind aber mit der Untersuchung und Beschreibung von Grenzflächenphänomenen auch nicht annähernd erschöpft.

3. Mit der Halbleitertechnik entstanden und entstehen neue Meßverfahren, die entweder mit den unter 2. genannten Objekten in physikalisch wesentlicher Weise verbunden sind oder die erst durch die Halbleitertechnik/Mikroelektronik praktisch verwirklichbar wurden.

Ein neues physikalisch wesentlich mit dem pn-Übergang verbundenes Meßverfahren, das sehr früh schon mit der Halbleitertechnik entstand, war die Bestimmung der Driftbeweglichkeit von Minoritätsträgern, wie sie von Shockley und Haynes 1949 zuerst vorgenommen wurde [1]. Dieses Experiment, dessen Anordnung sich direkt am Spitzentransistor orientierte, hatte seine prinzipielle physikalische Bedeutung darin, daß es den hohen Grad an Realität des Defektelektron- oder Löcherbegriffs im n-Halbleiter demonstrierte und daß es mit dem experimentellen Nachweis von erheblichen Abweichungen der Driftbeweglichkeit μ_D von der Hall-Beweglichkeit μ_H $\left(\text{nach der Theorie muß bei isotropem Verhalten } \frac{8}{3\pi}\mu_H = \mu_D \text{ sein [31]}\right)$ ein und desselben Halbleiters deutliche Hinweise auf „ausgebeulte" Flächen gleicher Energie bei den Leitfähigkeitselektronen und damit auf Anisotropien im Elektronenenergiespektrum der Kristallelektronen gab. Die Annahme „ausgebeulter" Flächen konstanter Energie machte Shockley ursprünglich [31]. Heute wissen wir, daß die Flächen konstanter Energie der Leitfähigkeitselektronen im Germanium vier Rotationsellipsoide um die (111)-Richtungen des reziproken Gitters bilden.

Ein anderes physikalisch wesentlich mit dem pn- oder dem Schottky-Übergang verbundenes Meßverfahren ist die Untersuchung der Kapazität der genannten Übergänge. Aus diesem Grundprinzip, das letztlich auf den Arbeiten von Schottky zu Randschichtgleichrichtern, beginnend mit dem Jahre 1942, beruht [2], haben sich später weiter wesentlich leistungsfähigere Verfahren entwickelt, ich nenne hier die Deep Level Transient Capacitance Spectroscopy (DLTS) von D. V. Lang 1974 [3] und die Doppel-Korrelations DLTS (DDLTS) von Lefevre und Schulz 1977 [4]. Diese Verfahren haben heute eine große praktische Bedeutung zur Bestimmung der charakteristischen Parameter tiefer Störstellen in Halbleitern, nämlich der energetischen Lage und der entsprechenden Terme und ihrer Einfangquerschnitte einerseits sowie der Untersuchung von Dotierungsprofilen für elektrisch wirksame Dotierungen und Defekte andererseits. Diese Verfahren erfreuen sich heute breitester Anwendung in der Halbleiterphysik, werden noch immer weiterentwickelt und mit anderen Verfahren kombiniert eingesetzt. Ich werde darauf im folgenden noch näher zu sprechen kommen.

Durch die von der Halbleitertechnik/Mikroelektronik gebotenen Möglichkeiten gelang es, die für ein Rasterelektronenmikroskop notwendige umfangreiche Elektronik mit vertretbarem Aufwand und ausreichender Zuverlässigkeit immer besser praktisch zu verwirklichen. So gelang es, aus einer zunächst so gut wie ungenutzten Erfindung der dreißiger Jahre, beginnend in den sechziger Jahren, praktische und immer breiter angewendete Geräte zu machen: die Rasterelektronenmikroskope und die Elektronenstrahlmikrosonden. Der bei letzteren häufig genutzte energiedispersive Nachweis der charakteristischen Röntgenstrahlung zur Identifizierung chemischer Elementeverteilungen mit Halbleiterdetektoren ist ein weiterer Impuls aus der Halbleitertechnik. Für uns ist hier jedoch besonders interessant die Kombination des Rasterelektronenmikroskop-Prinzips mit der Untersuchung verschiedener Halbleitereffekte. In meinem Vortrag „Ausgewählte physikalische Probleme der Halbleitertechnik", den ich vor über 12 Jahren hier vor der Klasse Physik gehalten habe [5], hatte ich besonders auf die EBIC-Methode hingewiesen (electron beam induced current), die 1973 von C. J. Varker und K. V. Ravi zum Nachweis von Präzipitaten und ihrer elektrischen Wirkungen in pn-Übergängen verwendet wurden [6]. Hier wurde das Rasterelektronenmikroskopprinzip mit der Auswertung des von dem durch die eingeschossenen Elektronen im Halbleiter generierten Elektron-Loch-Paare zusätzlich an pn-Übergängen erzeugten Sperrstroms verbunden. Der Gedanke, bei Halbleiteruntersuchungen solche Kombinationen vorzunehmen, sollte sich in der Folgezeit auch weiter sehr bewähren. Wertet man statt des Sperrstroms die zeitlich vom Elektronenstrahl hervorgerufene abklingende (transiente) Kapazitätsänderung an dem pn- oder Schottkyübergang aus, so kommen wir zur Scanning DLTS (SDLTS), um die sich J. Heydenreich und O. Breitenstein in Halle sehr verdient gemacht haben [7]. Schließlich kann man auch, ohne auf das Vorhandensein eines pn- oder Schottky-Überganges angewiesen zu sein, die Rekombinationsstrahlung der erzeugten Elektron-Loch-Paare auswerten, sofern eine solche auftritt. Das ist natürlich vor allem bei den in der Optoelektronik genutzten Materialien der Fall. Ein besonders schönes Beispiel der Leistungsfähigkeit dieser Methode sind die Untersuchungen von D. Bimberg, über die er auf der Jahreshaupttagung der Physikalischen Gesellschaft der DDR 1989 in Karl-Marx-Stadt vorgetragen hat [8]. Bimberg spricht von der Kathodoluminszenzabbildung (KLA) [9].

Die große Bedeutung der Bimbergschen Untersuchungen besteht m. E. darin, daß hier erstmalig überzeugende experimentelle Ergebnisse über die Rauhigkeit von Halbleitergrenzflächen im atomaren Bereich vorgelegt werden, die u.a. für die Beweglichkeit im 2D-Elektronengas z.B. im HEMFET*) praktisch bedeutungsvoll sind [8a].

Eine Elektronenstrahlmikrosonde, die naturgemäß ein etwas geringeres Auflösungsvermögen als ein ausgesprochenes Rasterelektronenmikroskop hat, wurde im Sinne solcher Kombinationsuntersuchungen an der Humboldt-Universität seit der Anschaffung eines solchen Gerätes (SEMQ X) im Jahre 1976 unter Leitung von G. Oelgart, der heute Professor an der Karl-Marx-Universität in Leipzig ist, genutzt. Dabei wurden sowohl Beiträge zur Vervollkommnung der EBIC-Methode als auch erste Ansätze zur KLA geleistet [10—12]. Die Untersuchungen von G. Oelgart konnten 1982 leider nicht bis zu einem international so beachteten Ergebnis wie dem von Bimberg geführt werden, da die SEQX in den hier interessierenden Punkten nicht so leistungsfähig wie ein echtes Rasterelektronenmikroskop ist und da ihm zum anderen nicht so interessante Untersuchungsgegenstände wie Quantum Wells zur Verfügung standen. Die große Bedeutung der Kooperation internationaler Spitzenlabors für die Erreichung solcher Ergebnisse wird z.B. an [13] sichtbar, die 6 Autoren aus 3 Erdteilen (TU Berlin West; Optoelectronic Joint Research Laboratory, Kawasaki, Japan; Hewlett-Packard Laboratories, Palo Alto, USA) ausweist.

Andere Arbeiten zur Vervollkommnung der EBIC-Methode wurden auch speziell am ZIE der AdW durchgeführt [14, 15]. Wir sehen, daß die EBIC-Methode auch bei uns auf großes Interesse gestoßen ist und mit seiner Grundidee der Kombination

*) High Electron Mobility Field Effect Transistor (auch HEMT abgekürzt).

von Rasterelektronenstrahl-Prinzip mit bauelementeverwandten Halbleitermeßmethoden die weitere Entwicklung der Halbleitermeßtechnik sehr befruchtet hat.

Dieser Gedanke wurde darüber hinaus auch in der Richtung weiterentwickelt, daß der Elektronenstrahl durch einen Laserstrahl ersetzt wurde. Wir kommen so zur OBIC-Methode (**O**ptical **B**eam **I**nduced **C**urrent), die vor allem durch eine Gruppe an der FSU Jena um Max Schubert vorangetrieben wurde. Sicher hat diese kein so großes Auflösungsvermögen wie die EBIC-Methode.

Meines Erachtens eignet sie sich daher weniger für die Untersuchung physikalischer Defekte des Kristallgitters. Ihre große Bedeutung besteht aber darin, daß sie unter Normalbedingungen ohne Vakuum an fertigen Chips zur Untersuchung elektronischer Bauelemente- oder Schaltungsfehler angewendet werden kann. Das ist eine Anwendung von enormer praktischer Bedeutung für die Zukunft, da die bekannten Black-Box-Prüfverfahren für Schaltkreise mit hohen Anschlußzahlen immer weniger brauchbar sind. Bekanntlich würde die Prüfung eines 64-Anschluß Logik-IC durch Messung sämtlicher prinzipiell möglicher 2^{64}-Bit-Belegungen bei einem Meßtakt von 10 MHz bereits 58000 Jahre dauern.

Mit wachsender Komplexität der Schaltungen wird dieses Problem, wie u.a. Lothar Budach und Michael Weber [25] herausgearbeitet haben, immer unlösbarer, und es wird notwendig, „...das Problem etwa durch Heranziehung zusätzlicher Informationnen zu modifizieren, so daß man zu einem leichteren Problem gelangt, was sich in polynominaler Zeit lösen läßt.“ Die OBIC-Methode ist wohl in der Lage, solche zusätzlichen Informationen über den Schaltkreis zu liefern.

2. Kapazitätsspektroskopie und Deep Level Transient Spectroscopy

2.1. Kapazitätsspektroskopie

Wird ein pn- oder ein Schottky-Übergang in Sperrichtung vorgespannt, so entsteht in ihm eine Raumladungszone, eine Verarmungsrand- oder -grenzschicht, die von den quasi frei beweglichen Ladungsträgern, den Elektronen und Löchern entblößt ist. Zurück bleiben im einfachsten Fall nur die ionisierten Dotierungsatome, flache Störstellen, die die Raumladung erzeugen. Um die Darstellung zu vereinfachen, gehen wir von einem p^+n-Übergang an der Stelle $Z = 0$ aus; für $Z > 0$ herrsche n-Leitung, die durch eine ortsabhängige Donatorenkonzentration $N(Z)$ erzeugt wird. Wir bestimmen die Hochfrequenzkapazität, d.h. wir messen mit einer so hohen Frequenz, daß Ladungsänderungen nur an den Rändern der Raumladungszone $Z = W$ durch eine Verschiebung dieser Grenze um ΔW mit der anliegenden Hochfrequenzamplitude ΔU auftreten können. Wir erhalten dann für die differentielle spezifische*) Kapazität C, gemessen bei der anliegenden statischen Sperrspannung U

$$C(U) = \frac{\Delta Q}{\Delta U} = \frac{qN(W) \cdot \Delta W}{\Delta U} \tag{1}$$

*) d.h. auf eine Fläche von 1 cm^2 bezogene Kapazität

andererseits ist, was sich leicht zeigen läßt, analog zum Plattenkondensator

$$C(U) = \frac{\varepsilon\varepsilon_0}{W} \tag{2}$$

Die Messung von $C(U)$ ergibt uns also aus (1) und (2) $N(W)$, sofern wir $\Delta W/\Delta U$ kennen. Letztere Größe ergibt sich aber auch aus (2), sofern für die statische Spannung U und die Hochfrequenzspannung ΔU der gleiche Zusammensetzung $W(U)$ gilt. Wir erhalten aus (2)

$$\frac{\mathrm{d}W}{\mathrm{d}U} = -\frac{1}{\varepsilon\varepsilon_0}\frac{1}{C^2}\frac{dC}{dU} \tag{3}$$

oder mit (1) und (3)

$$N(W) = -\frac{1}{q\varepsilon\varepsilon_0}C^3/\frac{dC}{dU} \tag{4}$$

oder

$$N(W) = \frac{2}{q\varepsilon\varepsilon_0}/\frac{dC^{-2}}{dU} \tag{4a}$$

Die Formeln (4) bzw. (4a) zeigen uns also den Weg, wie aus Kapazitätsmessungen am pn-Übergang oder an Schottky-Übergängen das Dotierungsprofil $N(Z)$ senkrecht zur Grenzfläche des *pn*-Überganges ausgemessen werden kann. Dieser Umstand ist heute von großer praktischer Bedeutung, weil mit dem breiteren Einsatz der Ionenimplantation zusammen mit Diffusionsprozessen vielfältige Möglichkeiten zur gezielten Erzeugung solcher Dotierungsprofile bestehen. Ein Beispiel zeigt die Arbeit [16] und Abb. 1.

Wesentlich war die Vorraussetzung $\Delta Q = qN(W)\Delta W$ in (1), d.h. die Annahme, daß die gesamte zusätzliche Ladung des Kondensators durch eine Veränderung der Dicke W der Raumladungszone erfolgt und alle flachen Dotierungsatome zur Veränderung der Kondensatorladung beitragen. Bei dem Vorhandensein tiefer Störstellen ist das jedoch nicht der Fall. In tiefen Störstellen eingefangene Ladungen können dann die Ladung der flachen Dotierungsatome teilweise kompensieren. Ein Weg zur Prüfung der Erfüllung der Voraussetzungen ist, die bei Niederfrequenz gemessene Kapazität mit der bei Hochfrequenz gemessenen zu vergleichen. Nichtübereinstimmung deutet auf das Vorliegen tiefer Störstellen hin.

Diese Nichtübereinstimmung zur Gewinnung von Aussagen über tiefe Störstellen auszuwerten, war bereits Anliegen mancher Arbeiten Ende der 60er Jahre. Auch wir bemühten uns in dieser Richtung. Eine erste Frage war dabei, was bestimmt die Besetzung tiefer Störstellen in der Raumladungszone, das Konzept der Quasifermigrenze war da nicht ausreichend. Entscheidend sind vielmehr die Einfangquerschnitte und die energetische Lage der Terme [17].

Die Messung der Frequenzabhängigkeit der Sperrschichtkapazität von *pn*- oder Schottkyübergängen erwies sich nicht als der zweckmäßigste Zugang zum Problem der tiefen Störstellen. Einen Durchbruch brachte erst die Deep Level Transient Spectroscopy von C. V. Lang [3].

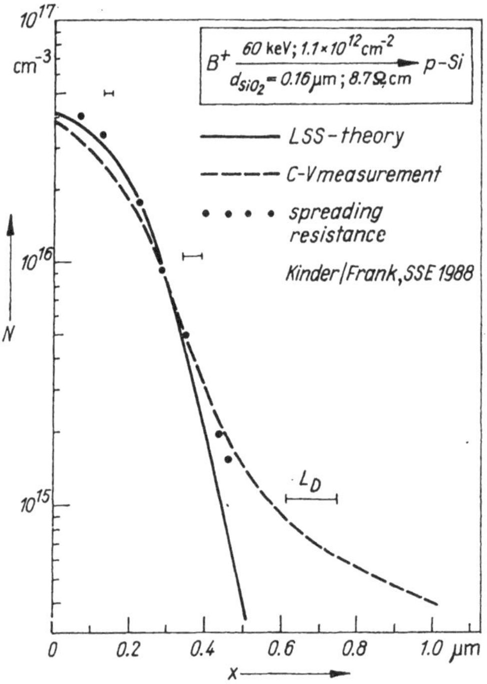

Abb. 1 Konzentrationsprofil für implantiertes Bor nach verschiedenen Meßmethoden und Vergleich zur Theorie von Lindhard, Scharff und Schiøtt [24] nach Kinder und Frank [16].

2.2. *Deep Level Transient Spectroscopy (DLTS)*

Der Grundgedanke der DLTS besteht darin, daß die Sperrschichtkapazität nicht im stationären Quasigleichgewichtszustand gemessen wird, der nur durch die stationär anliegende Sperrspannung und eine sehr kleine Meßwechselspannung gestört ist, sondern daß durch das periodische Anlegen eines Spannungsimpulses in Durchlaßrichtung dieser stationäre Zustand immer wieder gestört wird und der Prozeß der Wiederherstellung dieses Zustandes messend verfolgt wird. Dieses Vorgehen bringt uns als zusätzliche Information neben der Kapazitätsänderung die Zeitkonstante, mit der diese vergängliche, zeitabhängige, eben „transiente“ Kapazität abklingt.

Ich möchte nun näher erläutern, was bei der DLTS genauer geschieht (Abb. 2). Zu Zeiten $t<0$ liege die Sperrspannung $U_R = 0$ an dem p^+n-Übergang, die Ferminggrenze E_F ist im ganzen p^+n-Übergang konstant, die Raumladungszone hat die Aus-

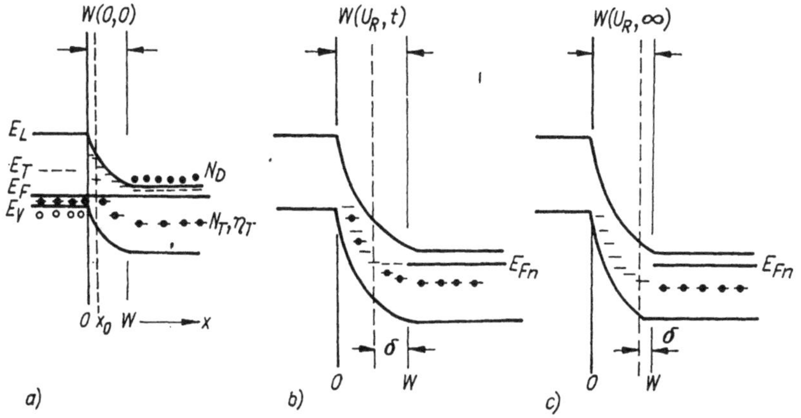

Abb. 2 Schematische Darstellung der Besetzung der tiefen Störstellen (energetische Lage E_T, Konzentration N_T) mit Elektronen in einem (p^+ n-Übergang) bei der DLTS im thermodynamischen Gleichgewicht (Bild 2a), zur Zeit t nach dem Anlegen der Sperrspannung U_R (Bild 2b) und nach Einstellung des stationären Zustandes ($t = \infty$) (Bild 2c). $W(U_R, t)$ ist die Dicke der Raumladungszone bei Anliegen der Sperrspannung U_R zur Zeit t. Es ist $W(0,0) < W(U_R, \infty) < W(U_R, t)$, da zur Zeit t die tiefen Störstellen in der Raumladungszone noch nicht entleert sind, die Raumladungsdichte also noch kleiner ist als im stationären Fall $t = \infty$. E_{Fn} ist die Quasifermigrenze für die Elektronen im n-leitenden Gebiet. δ gibt an, wie weit in die Raumladungszone hinein die tiefen Terme noch besetzt sind. Bei den Bildern 2b und 2c wurde die symbolische Andeutung der Dotierungen usw. aus Gründen der Übersichtlichkeit weggelassen.

dehnung $W(U_R, t) = W(0,0)$. Die tiefen Störstellen mit der energetischen Lage E_T und der Konzentration N_T liegen im n Gebiet und im größten Teil der Raumladungszonen $x_0 < x < W$ unterhalb der Fermigrenze, es gilt $E_T(x) < E_F$, und sie sind daher mit Elektronen besetzt. Für die Raumladung $\varrho(x)$ gilt

$$\begin{aligned} \varrho(x,0) &= q\,N_D & & 0 < x < x_0 \\ \varrho(x,0) &= q(N_D - N_T) & & x_0 < x < W \\ \varrho(x,0) &= 0 & & x > W \end{aligned} \qquad (5)$$

sofern die tiefe Störstelle im unbesetzten Zustand neutral und im besetzten Zustand negativ geladen ist. Andernfalls ist die Konzentration der flachen Donatoren um die tiefe Störstellenkonzentration N_T und gegebenenfalls auch noch um eine eventuell vorhandene kompensierende Akzeptorenkonzentration N_A zu korrigieren. Wir ersetzen dann N_D durch $(N_D - N_A + N_T)$.

Zur Zeit $t = 0$ werde die Sperrspannung auf einen Wert $U_R > 0$ geschaltet und liege dann konstant für $t > 0$ weiter an. Die Sperrspannung treibt momentan weitere freie Elektronen im Leitfähigkeitsband aus dem Bereich um den p^+n-Übergang heraus, die Raumladungszone verbreitert sich auf den Wert $W(U_R, 0)$ zur Zeit $t = 0$

bzw. $W(U_R, t)$ für $t > 0$. Für die Raumladung gilt:

$$\begin{aligned} \varrho(x,t) &= q\,N_D & 0 < x < x_0 \\ \varrho(x,t) &= q(N_D - N_T e^{-e_n t}) & x_0 < x < W(U_R,t) - \delta \\ &\vdots \\ \varrho(x,t) &= q(N_D - N_T) & W(U_R,t) - \delta < x < W(U_R,t) \\ \varrho(x,t) &= 0 & W(U_R,t) < x \end{aligned} \tag{5a}$$

Hierbei ist berücksichtigt, daß die zur Zeit $t = 0$ besetzten tiefen Störstellen sich im Bereich $x_0 < x < W(U_R, t) - \delta$ durch Emission mit einer Emissionsrate e_n

$$e_n = \sigma_n \langle v_{th,n} \rangle g_n N_C\, e^{-\frac{E_C - E_T}{kT}} \tag{6}$$

entladen. Für vereinfachende Betrachtungen können wir $x_0 = 0$ $\delta = 0$ setzen. Wir erhalten dann für

$$W(U_R, t) = \left[\frac{2\varepsilon\varepsilon_0(U_R + U_D)}{q(N_D - N_T e^{-e_n t})}\right]^{1/2} \tag{7}$$

Wir sehen, daß

$$W(U_R, \infty) < W(U_R, t) < W(U_R, 0) \tag{8}$$

Entsprechend gilt umgekehrt gemäß (2)

$$C_0 = C(U_R, \infty) > C(U_R, t) > C(U_R, 0) \tag{9}$$

wenn $N_T \ll N_D$ können wir in linearer Näherung

$$\Delta C = C(U_R, t) - C(U_R, \infty) = C(U_R, t) - C_0$$

$$\Delta C(t) = \frac{-C_0}{2} \frac{N_T}{N_D} e^{-e_n t} \tag{10}$$

schreiben Abb. 3 zeigt den zeitlichen Verlauf von $\Delta C(t)$. Zur meßtechnischen Auswertung tasten wir nun die Abklingkurve zu zwei Zeiten t_1 und t_2 ab. Abb. 4 zeigt das für verschieden schnelle Abklingkurven, die wir gemäß Formel (6) durch veränderte Meßtemperaturen (hier T_1 bis T_5) herbeiführen können. Für

$$e_n = \frac{\ln(t_2/t_1)}{t_2 - t_1} \tag{11}$$

wird das Differenzsignal

$$S = \Delta C(t_1, t_2) = \Delta C(t_1) - \Delta C(t_2) \tag{12}$$

maximal. Entsprechend erhalten wir, wenn wir das Differenzsignal S als Funktion der Temperatur T messen, ein Maximum wie aus Abb. 4 ersichtlich.

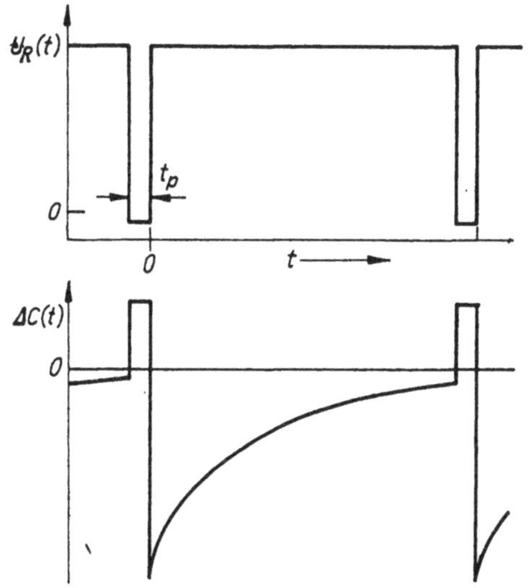

Abb. 3 Zeitlicher Verlauf von $\Delta C(t)$/ bei Anliegen der periodischen Sperrspannung $U_R(t)$. Bei dem hier diskutierten Fall ist wegen $W(U_R, \infty) < W(U_R, t)$ die transiente Kapazitätsänderung $\Delta C < 0$. Zur sicheren Wiederbesetzung der tiefen Terme wird während des periodisch wiederholten Meßprozesses für die Zeitdauer t_p der *pn*-Übergang kurzzeitig in Durchlaßrichtung (d.h. $U_R < 0$) vorgespannt, daraus ergibt sich kurzzeitig ein $\Delta C > 0$.

Eine typische Anwendung dieser Methode sei hier als Beispiel genannt, sie stammt von H. Klose und Mitarbeitern an der Humboldt-Universität [18], die die DLTS-Methode besonders in Zusammenhang mit der Ionenimplantation gepflegt haben.

Führt man die Messungen mit verschiedenen t_1- und t_2-Werten durch, d.h. verwendet man verschiedene „rate windows", so kann man damit $e_n(T)$ bestimmen und somit den Einfluß von E_T und σ_n auf e_n getrennt erfassen (vgl. (6)). Auf diese Weise gelingt eine recht genaue Kennzeichnung der tiefen Zentren.

Tiefe Zentren von der bisher diskutierten Art waren Majoritätsträgerhaftstellen. Wir nahmen an, daß sie sich bei starker Injektion im *n*-Gebiet mit Elektronen füllten. Es kann aber auch tiefe Zentren geben, die sich bei sehr starker Injektion von Löchern in das *n*-Gebiet mit Löchern füllen, das sind dann Minoritätsträgerhaftstellen. Im stationären Fall geben sie in der Raumladungszone, die durch eine extreme Verarmung freier Träger gekennzeichnet ist, diese Löcher wieder ab, nehmen also Elektronen auf. Für die Raumladung gilt dann anstelle von (5a)

$$\varrho(x, t) = q(N_D + N_T e^{-e_p t}) \tag{13}$$

und entsprechend ist $\Delta C > 0$. Das Problem ist die Verwirklichung der starken Minoritätsträgerinjektion, insbesondere bei Schottkydioden. In [18] wurde das durch starke Beleuchtungsimpulse nach [19] gelöst.

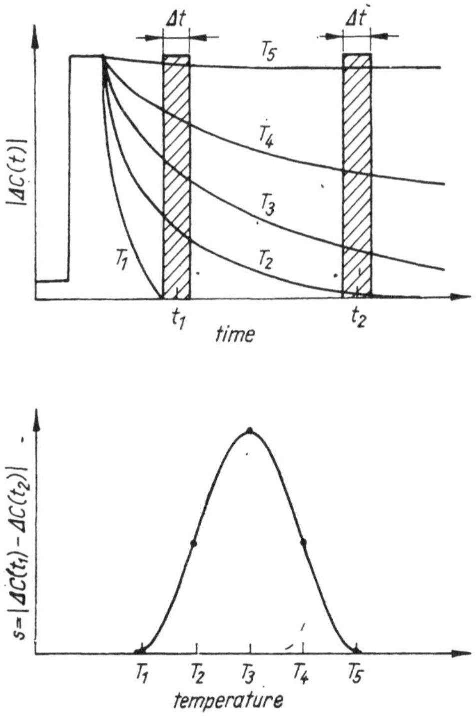

Abb. 4 Zur Auswertung der transienten Kapazitätsänderung $\Delta C(t)$ und ihrer Temperaturabhängigkeit (siehe Text).

H. G. Grimmeiss, den wir auf der 9. Tagung „Physik und Elektronik" hier in Berlin 1985 erleben konnten, hat unter anderem die DLTS sowie die optische tiefe-Zentren-Spektroskopie sehr gepflegt und benutzt, um tiefere Einsichten in die Energieniveaus von Edel- und Schwermetallen in Silicium zu erhalten [20]. Er fand, daß der „Gold-Akzeptor" in Wirklichkeit eine Familie eng miteinander verwandter Defekte ist, die viel komplizierter sind als ein mehrfach ionisierbares einfaches substitutionelles Shockley-Read-Hall-Niveau. In diesem wichtigen Ergebnis spiegelt sich auch die große methodische Bedeutung der DLTS wider. Man könnte nun die Frage stellen, gibt es solche einfachen Shockley-Read-Hall-Niveaus überhaupt. Nun, die Ergebnisse von Grimmeis sprechen sicher nicht prinzipiell dagegen, nur sind die Niveaus vielfältiger, als man bisher annahm!

2.3. *Doppelkorrelationstechnik (DDLTS)*

Die bisher behandelte DLTS setzte eine tiefe Zentrenkonzentration voraus, die im wesentlichen räumlich konstant ist. Das wird jedoch nicht immer der Fall sein, besonders nicht bei Implantationsdefekten. Auch zur Bestimmung einer ortsabhängigen tiefe-Zentrenkonzentration $N_T(x)$ (x-Koordinate senkrecht zur Grenzfläche des pn- oder Schottkyüberganges) läßt sich die DLTS weiterentwickeln. Verwendet man nämlich eine periodische Impulsfolge in Durchlaßrichtung, die abwechselnd auf die Vorspannungen U_1 und $U_1 + \Delta U = U_2$ führt, dann werden wir abwechselnd transiente Kapazitäten $\Delta C_1(t)$ und $\Delta C_2(t)$ erhalten. Die Differenz beider

$$\Delta C_{12}(t) = \Delta C_1(t) - \Delta C_2(t) \tag{14}$$

wird dann von den tiefen Zentren $N_T(x)$ bestimmt sein, die zwischen

$$W(U_1, 0) < x < W(U_2, 0) \tag{15}$$

liegen. $\Delta C_{12}(t)$ gemäß (14) behandeln wir nun wie vorn und bilden ein Signal S

$$S = \Delta C_{12}(t_1) - \Delta C_{12}(t_2) = \Delta C_1(t_1) - \Delta C_2(t_1) - \Delta C_1(t_2) + \Delta C_2(t_2) \tag{16}$$

Dieses Verfahren stammt von H. Lefevre und M. Schultz [21]. Man kann das Signal auch mit einer periodischen Korrelationsfunktion $B(t)$ bilden.

$$S = \int_0^{t_{gm}} \Delta C(t) B(t)\, dt \tag{17}$$

wobei $\Delta C(t) = \Delta C_1(t)$ für $2nt_m < t < (2n+1)t_m$

$\Delta C_2(t)$ für $(2n+1)t_m < t < 2(n+1)t_m$

und

$$B(t) = \begin{cases} +1 \text{ für } 2nt_m + t_v < t < 2nt_m + \frac{t_m}{2} \\ -1 \text{ für } 2nt_m + \frac{t_m}{2} < t < (2n+1)\, t_m - t_v \\ 0 \text{ für } (2n+1)\, t_m - t_v < t < (2n+1)t_m + t_v \\ -1 \text{ für } (2n+1)\, t_m + t_v < t < (2n+1)\, t_m + \frac{t_m}{2} \\ +1 \text{ für } (2n+1)\, t_m + \frac{t_m}{2} < t < 2(n+1)\, t_m - t_v \\ 0 \text{ für } 2(n+1)\, t_m - t_v < t < 2(n+1)\, t_m + t_v \end{cases}$$

(vgl. Abb. 5). Die Gesamtmeßzeit t_{gm} muß ein ganzzähliges Vielfaches der Meßperiode $2t_m$ sein. Die Integration führt zu einer starken Verringerung von Meßfehlern und Rauschen; je höher die Anzahl der Meßzyklen $t_{gm}/2t_m$), um so genauer wird das Ergebnis.

Auch hier möchte ich ein Beispiel aus dem Berliner Implantationslabor anführen. Die Gruppe um Prof. Klose hat sich besonders um die Nutzung des DDLTS-Ver-

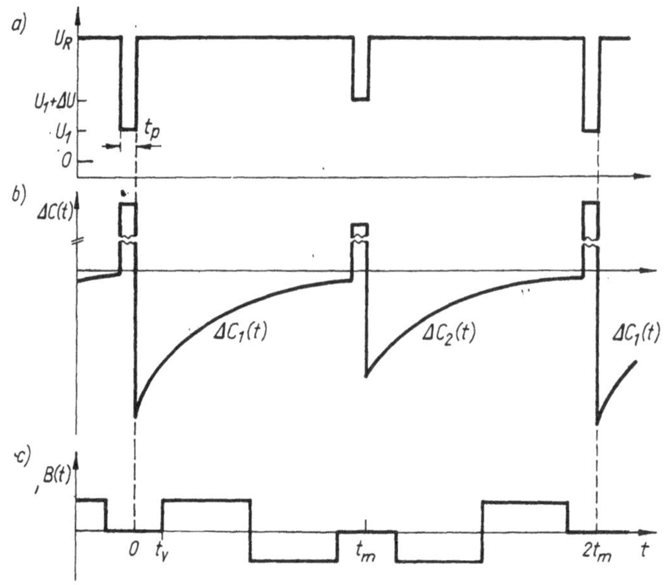

Abb. 5 Zum Prinzip der Doppelkorrelationstechnik. a) zeitlicher Verlauf der Spannung am *pn*-Übergang, die Sperrichtung ist hier positiv gezählt. b) zeitlicher Verlauf der transienten Kapazität $\Delta C(t)$, die sich abwechselnd aus den Verläufen $\Delta C_1(t)$ und $\Delta C_2(t)$ zusammensetzt. c) Korrelationsfunktion zur Auswertung des Signals nach Formel (17) [siehe Text]. Um Störungen des Signals durch den Umladeimpuls zu vermeiden, muß $t_V > t_p$ sein.

fahrens zur Untersuchung von Ionenimplantationsdefekten und deren Tiefenverteilung bemüht [22, 23].

Ein neueres Ergebnis aus dieser Gruppe zeigt Abb. 6; es wurde *n*-Si mit ^{25}Mg ($5 \cdot 10^{12}$ cm^{-2} 10 keV) bei 77 K und 300 K beschossen. Das Isotop ^{25}Mg wurde gewählt, weil es nur zu 10% in der natürlichen Zusammensetzung des Mg enthalten ist, so gelingt es, den Nachweispegel mit der SIMS für implantierte Mg-Ionen um den Faktor 10 zu verbessern. Das Bild zeigt, daß der Mg-Nachweis mit SIMS an die der DLTS bei ca. $2 \cdot 10^{13}$ cm^{-3} anschließt und daß Eindringtiefen von Mg-induzierten Defekten erreicht werden, die weit über dem, was nach der LSS-Theorie [24] zu erwarten wäre, liegen. Ähnliches wurde schon in [23] für Ag-Ionen gefunden. Bemerkenswert ist die hohe Empfindlichkeit, die bis zu $3 \cdot 10^{+11}$ cm^{-3} Defektdichte hinunter reicht.

2.4. Scanning Deep Level Transient Spectroskopy (SDLTS)

Die SDLTS kann uns über die Tiefenauflösung hinaus nun auch noch eine laterale Auflösung von Defektverteilungen bringen. Neben dem ausreichend auflösenden Rasterelektronenmikroskop gehört dazu auch noch eine genügend empfindliche

Kapazitätsmessung. So wurde in der Gruppe in Halle auch auf diesem Gebiet Pionierarbeit geleistet [26]. Es wurde ein neuartiges Kapazitätsmeßgerät entwickelt, eine LC-Brücke mit 28 MHz Resonanzabgleich und automatischer langsamer Nachführung der Resonanzfrequenz. Ferner wurde ein Korrelatorsystem mit einem exponentiell zeitlich abklingenden Referenzsignal angewendet, das für die Rauschunterdrückung sehr günstig ist. Auf diese Weise wurden bei einer Meßspannung von 300 mV und einer Integrationszeit von 10 s im Korrelator Kapazitätsänderungen von 10^{-7} pF nachweisbar, was je nach sonstigen Bedingungen 10 bis 100 umgeladenen Atomen absolut entspricht.

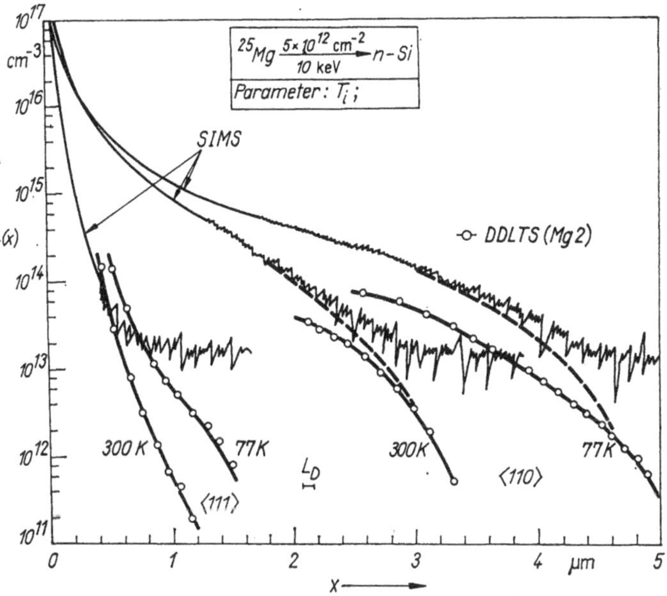

Abb. 6 Tiefenverteilung von implantiertem Mg in Silicium $N_T(x)$, wie sie von H. Klose und Mitarbeitern bestimmt wurde (siehe Text).

2.5. DLTS an Grenzflächenzuständen in Feldeffekt-Transistoren (FET)

Die Untersuchung von Grenzflächenzuständen an Metall-Oxid-Halbleiter-(MOS)-Strukturen ist ein alter Gegenstand der Kapazitätsspektroskopie. Wir können auf das umfangreiche dazu vorliegende Material hier nicht näher eingehen. Ich verweise dazu nur auf die jahrzehntelange verdienstvolle Arbeit von H. Flietner [27]. Eine neuere Arbeit, die die „innere Verstärkung" in modernsten MOS-FET-Strukturen für VLSI-Schaltkreise nutzt, soll hier jedoch erwähnt werden [28]. Die Autoren verwenden hier MOSFET-Strukturen mit Gate-Flächen von $1{,}5 \times 1{,}2\ \mu m^2$. Bei einer typischen Interfacezustandsdichte von $10^{10}\ cm^{-2}\ eV^{-1}$ sind dann wiederum nur 1,8 ·

10^{-8} cm^2 · 10^{10} cm^{-2} = 180 Terme in etwa 1 eV Bandlücke des Siliciums zu erwarten, innerhalb eines Energiebereichs von kT = 26 meV, in dem wir die Umladung bewirken können, sind es dann nur ganz wenige Terme. Wir können so die einzelne Umladung eines Terms beobachten, sozusagen eine moderne mikroelektronische Version des Millikan-Versuches machen, nur daß uns heute nicht mehr die Existenz einer Elementarladung nachweisenswert erscheint, sondern die genaue Art des Umladungsprozesses und die Art der Zentren, an denen die Umladung passiert (Abb. 7).

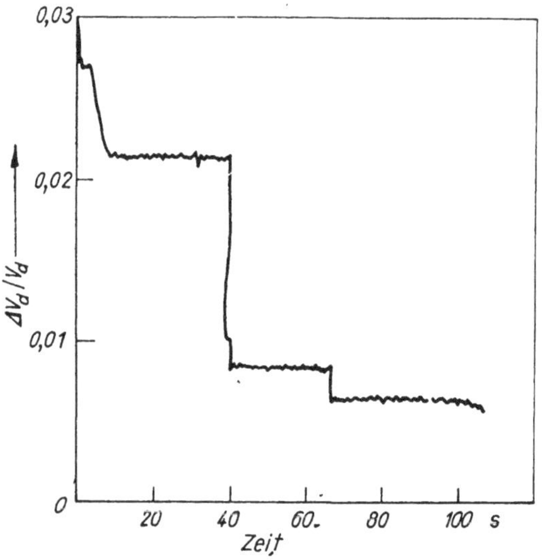

Abb. 7 DLTS-Transiente der Elektronenreemission nach einer vollständigen Füllung der Grenzflächenzustände in einem n-Kanal MOSFET mit 1,2 · 1,5 μm^2 Gatefläche durch Anlegen einer Gatespannung V_g = 4,4 V für 5 min. Die Messung erfolgte bei 230 K, einer Gatespannung V_g = 0,85 V und einem konstanten Drainstrom I_d = 20 nA. Gemessen wird die dabei zwischen Source und Drain abfallende Drainspannung V_d. Aufgetragen ist die relative zeitliche Änderung dieser Drainspannung $\Delta V_d/V_d$ durch Reemission der eingefangenen Elektronen. Bei 230 K ist der stufenförmige Verlauf deutlich zu erkennen, bei 295 K (hier nicht mit dargestellt) ist dieser Verlauf wesentlich stärker verrauscht. Die Interpretation der Höhe der Stufen bedarf noch weiterer Untersuchungen. Bei vielfacher Wiederholung des Versuches kann man aus der statistischen Verteilung der Zeiten, für die eine Stufe bestimmter Höhe auftritt, die als Reemission aus einem bestimmten Zentrum (Grenzflächenzustand) verstanden wird, eine mittlere Reemissionszeit ermitteln. Aus deren Temperaturabhängigkeit ergibt sich wiederum die energetische Lage des Grenzflächenzustandes. Auf diese Weise erscheinen Untersuchungen am einzelnen Zentrum möglich. Dieses Vorgehen wird wesentlich auch dadurch gestützt, daß die statistische Verteilung der Reemissionszeiten, die man experimentell erhält, eine Poissonverteilung ist und daß die Temperaturabhängigkeit der erhaltenen mittleren Reemissionszeiten dem Arrheniusgesetz folgt [28].

Mit der Untersuchung von Halbleitermikrostrukturen, d.h. Heteroübergängen, Quantum wells, Supergittern wuchs das Interesse an der Frage, wie sich die Unterschiede in der Energielücke ΔE_g zwischen den beiden Halbleitern eines Heteroüberganges auf eine Valenzband- und auf eine Leitungsbanddiskontinuität aufteilen.

$$\Delta E_g = Eg_1 - Eg_2 = \Delta E_C + \Delta E_V \tag{18}$$

mit

$$\Delta E_C = E_{C1} - E_{C2} \quad \text{und}$$

$$\Delta E_V = E_{V2} - E_{V1} \tag{19}$$

Auch hier bietet die Kapazitätsspektroskopie einen Zugang. H. Kroemer und Mitarbeiter [29] schlugen 1980 vor, aus $C(V)$-Messungen eine „scheinbare Trägerkonzentration" $\hat{n}(x)$ zu bestimmen (Abb. 8):

$$\hat{n}(x) = \frac{2}{q\,\varepsilon\varepsilon_0}\left(\frac{d}{dV}\frac{1}{C^2}\right)^{-1} \tag{20}$$

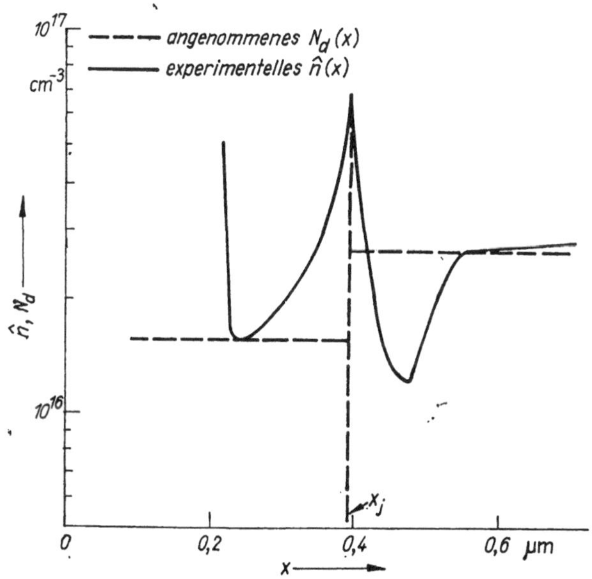

Abb. 8 „Scheinbare Trägerkonzentration" $n(x)$ in einem flachen (Ga, Al)As/GaAs-Heteroübergang bei $x_j = 0{,}4$ µm, die aus der Spannungsabhängigkeit der Kapazität $C(V)$ eines Schottkyüberganges bei $x = 0$ nach Formel (20) bestimmt wurde. Die Dotierung im unteren Halbleiter (Substrat) $x > 0{,}4$ µm betrug $N_d = 2{,}7 \cdot 10^{16}$ cm^{-3}, im oberen Halbleiter (Epitaxieschicht) $x < 0{,}4$ µm war $N_d = 1{,}6 \cdot 10^{16}$ cm^{-3}. Bei der Messung erstreckt sich mit zunehmender Spannung V die Raumladungszone über den Heteroübergang hinaus bis in das Substrat [29, 30].

(vgl. unsere frühere Formel (4a)). Dabei wird eine Schottkydiode über einem Heteroübergang verwendet, bei dem der isotype Heteroübergang sich in der Raumladungszone, d.h. in der Sperrschicht des Schottkyüberganges befindet. Die totale Potentialdifferenz über dem Heteroübergang, der bei $x = x_j$ liegen möge, berechnet sich dann zu

$$\Delta\varphi = \frac{q}{\varepsilon\varepsilon_0} \int_0^\infty [N_d(x) - \hat{n}(x)]\,(x - x_j)d_x \tag{21}$$

und daraus erhalten wir, sofern $N_d(x)$, $n(0)$ und $n(\infty)$ anderweitig ermittelt wurden, ΔE_C mit

$$\Delta\varphi = \frac{kT}{q} ln \left[\frac{n(\infty)/N_C(\infty)}{n(0)/N_C(0)}\right] + \frac{\Delta E_C}{q} \tag{22}$$

Heute hat man vor allem für das technisch wichtige System (Ga, Al)As/GaAs eine ziemliche Klarheit darüber, daß dafür

$$\Delta E_g = 0{,}6\,\Delta E_g$$

gilt [30]. Für andere Systeme fehlen weitgehend ausreichend übereinstimmende Ergebnisse für die Größe der Banddiskontinuitäten, die nach verschiedenen Verfahren bestimmt wurden.

3. Schlußbemerkungen

Wir haben gesehen, daß Halbleiterphysik und Halbleitermeßtechnik aus der Halbleitertechnik und Mikroelektronik nach wie vor fruchtbare Impulse erfahren. Im vorgegebenen Rahmen war es natürlich nicht möglich, die neuen Erkenntnisse über Störstellen und Defekte, wie sie z.B. aus der Anwendung der DLTS und ihrer Weiterentwicklungen und Varianten zu gewinnen sind, ausführlicher darzustellen. Es ist jedoch hoffentlich deutlich geworden, daß die Kapazitätsmethoden und insbesonders die DLTS sehr wirkungsvolle, ausbaufähige Methoden zur Gewinnung von Aussagen über Störstellen sind und daß die Kombination von REM mit verschiedenen Halbleitermeßmethoden sich als ein fruchtbares Konzept erwiesen hat. Bemerkenswert ist auch, daß nicht nur weit in die Zukunft reichende Grundlagenforschung an exotischen Systemen neue aufsehenerregende Erkenntnis bringt, sondern daß auch die einfallsreiche Untersuchung industrieller bzw. quasi industrieller Silicium MOS-FET-Strukturen sehr interessante neue Erkenntnisse bringen kann, das zeigte unser vorletztes Beispiel. Aber auch der Quanten-Hall-Effekt wurde an MOS-FET-Strukturen entdeckt, ehe er dann an Heteroübergängen (eigentlich auch bereits quasiindustriellen Niveaus) nachgewiesen wurde.

Ich danke Heinz Klose (HUB) für viele wertvolle Hinweise und die Überlassung von Abbildungen.

Literatur

[1] H. R. Haynes, W. Shockley: Phys. Rev. **75** (1949 (691).

[2] W. Schottky: Vereinfachte und erweiterte Theorie der Randschichtgleichrichter. Z. f. Phys. **118** (1942) 539–592.

[3] D. V. Lang: J. Appl. Phys. **45** (1974) 3014, 3023.

[4] H. Lefèvre, M. Schulz: Double Correlation Technique (DDLTS) for the Analysis of Deep Level Profiles in Semiconductors. Appl. Phys. **12** (1977) 45–53.

[5] J. Auth: Ausgewählte physikalische Probleme der Halbleitertechnik. Sitzungsberichte der AdW der DDR, 13 N 1978.

[6] K. V. Ravi, C. J. Varker: in Semiconductor Silicon 1973. Ed. Howard R. Ruff, Ronald R. Rurgess. The Electrochemical Society, Inc. 1973, Seiten 136, 670, 724.

[7] O. Breitenstein, J. Heidenreich: Combined electron microscopical and DLTS (esp. SDLTS) investigations in semiconductors. J. Phys. Collqu. **44** C4 (1983) 207–215.

[8] D. Bimberg: Atome Struktur von Halbleitergrenzflächen. Physikalische Gesellschaft der DDR. Tagungsband 1989, S. 26.

[8a] J. Auth: Diskussionsbemerkung zu D. Bimberg bei [8].

[9] J. Christen, D. Bimberg: Jpn. J. Appl. Phys. (Oyo Buturi) **57** (1988) 69.

[10] G. Oelgart: Avalanche Multiplication of Electron-Beam Excited Carriers in GaP pn Junction. phys. stat. sol. (a) **52** (1979) K 205.

[11] G. Oelgart, H. Haefner, R. Reulke, F. Joachim: Degradation of Green Light-Emitting GaP: N Diodes. phys. stat. sol. (1) **71** (1982) 89–97.

[12] F. Koch: Quantitative Bestimmung von Halbleiterparametern mit Hilfe des elektronenstrahlinduzierten Barrierenstromes und der Katodolumineszenzintensität. Dissertation (A), Humboldt-Universität 1987.

[13] D. Bimberg, J. Christen, T. Fukunaga, D. E. Mars, J. N. Miller, H. Nakashima: Cathodoluminescence Atomic Scale Images of Monolayer Island at GaAs/GaAlAs Interfaces. Preprint

[14] H. Menniger: On the Interaction between Crystal Defects and Impurities in Silicon Investigated by Electron Microscopic Methods phys. stat. sol. (a) **58** (1980) 173.

[15] M. Beer, H. Menniger, R. Raidt, W. Rohrbeck: On the Analysis of EBIC Contrast of Crystal Defects phys. stat. sol. (a) **61** (1980) 365.

[16] R. Kinder, H. Frank: Determination of Doping Profiles for Low Boron Ion Implantations in Silicon. Solid-State Electronics **31** (1988) 265–288.

[17] J. Auth: On the Reverse-Biased Capacitance of Step p^+-n Junctions with Traps. phys. stat. sol. **27** (1968) 653–656.

[18] K. Irmscher, H. Klose, K. Maas: Hydrogen-related deep levels in proton-bombarded silicon. J. Phys. C. Solid State Phys. **17** (1984) 6317–6329.

[19] R. Brunwin, B. Hamilton, P. Jordan, A. R. Peaker: Electron. Lett. **15** (1979) 348–350.

[20] D. V. Lang, H. G. Grimmeiss, E. Meijer, M. Jaros: Complex nature of gold-related deep levels in silicon. Phys. Rev. B. **22** (1980) 3917–3934.
vgl. auch H. Grimmeiss: 9. Tagung Physik und Elektronik. Berlin 1985.

[21] H. Lefèvre, M. Schulz: Double Correlation Technique (DDLTS) for the Analysis of Deep Level Profiles in Semiconductors. Appl. Phys. **12** (1977) 45–53.

[22] K. Maas, K. Irmscher, H. Klose: On the Determination of Deep Level Concentration Profiles by DLTS Measurements. phys. stat. sol. (a) **91** (1985) 667–675.

[23] J. Bollmann, H. Klose, A. Mertens: Big Channeling Effects at low-Energy Ion Implantation in Silicon. phys. stat. sol. (a) **97** (1986) K 135-K 139.
[24] J. Lindhard, M. Scharff, H. E. Schiøtt: Kgl. Danske Videnskab. Selskab., Mat.-Fys. Medd. **27** (1953) No. 15.
[25] Lothar Budach, Michael Weber: Mathematische Probleme beim Entwurf von Mikroprozessoren. Probleme der Festkörperelektronik **12** (1982) 33–49. s. Seite 47.
[26] O. Breitenstein: A Capacitance Meter of High Absolute Sensitivity Suitable for Scanning DLTS-Application. phys. stat. sol. (a) **71** (1982) 159–167.
[27] F. Fenske, H. Flietner, W. Füssel, K. Heilig, U. Heilig, G. Hesse, J. Reinecke, B. Steudel: Termspektroskopie. Preprint 84-4. ZIE der AdW der DDR. Berlin 1984.
[28] A. Karwath, M. Schulz: Deep Level transient spectroscopy on single, isolated interface traps in field-effect transistors. Appl. Phys. Lett. **52** (1988) 634–636.
[29] H. Kroemer, W. Y. Chen, J. S. Harris, D. D. Edwall: App. Phys. Lett. **36** (1980) 295.
[30] Helmut Heinrich, Jerzy M. Langer: Band Offsets in Heterostructures. Festkörperprobleme: Advances in Solid State Physics, ed. by H. J. Queisser; Vieweg, Braunschweig 1986, Bd. 26 S. 252–275.
[31] W. Shockley: Electrons and Holes in Semiconductors. D. van Nostrand Company, Toronto, New York, London 1950. S. 336.